上海市工程建设规范

立体绿化技术标准

Technical standard for green building planting

DG/TJ 08—75—2022
J 12714—2022

主编单位:上海市绿化管理指导站
上海市城市规划设计研究院
批准部门:上海市住房和城乡建设管理委员会
施行日期:2023 年 1 月 1 日

同济大学出版社

2023 上海

图书在版编目(CIP)数据

立体绿化技术标准 / 上海市绿化管理指导站，上海市城市规划设计研究院主编. —上海：同济大学出版社，2023.12

ISBN 978-7-5765-0989-2

Ⅰ. ①立… Ⅱ. ①上… ②上… Ⅲ. ①城市－垂直绿化－技术标准－上海 Ⅳ. ①S731.2-65

中国国家版本馆 CIP 数据核字(2023)第 234031 号

立体绿化技术标准

上海市绿化管理指导站
上海市城市规划设计研究院 **主编**

责任编辑 朱 勇
责任校对 徐春莲
封面设计 陈益平

出版发行 同济大学出版社 www.tongjipress.com.cn
(地址：上海市四平路 1239 号 邮编：200092 电话：021－65985622)
经　　销 全国各地新华书店
印　　刷 浦江求真印务有限公司
开　　本 889mm×1194mm 1/32
印　　张 1.625
字　　数 41 000
版　　次 2023 年 12 月第 1 版
印　　次 2023 年 12 月第 1 次印刷
书　　号 ISBN 978-7-5765-0989-2
定　　价 20.00 元

上海市住房和城乡建设管理委员会文件

沪建标定〔2022〕516 号

上海市住房和城乡建设管理委员会
关于批准《立体绿化技术标准》为上海市
工程建设规范的通知

各有关单位：

由上海市绿化管理指导站和上海市城市规划设计研究院主编的《立体绿化技术标准》，经我委审核，现批准为上海市工程建设规范，统一编号为 DG/TJ 08—75—2022，自 2023 年 1 月 1 日起实施，原《立体绿化技术规程》DG/TJ 08—75—2014 同时废止。

本标准由上海市住房和城乡建设管理委员会负责管理，上海市绿化管理指导站负责解释。

上海市住房和城乡建设管理委员会

2022 年 10 月 2 日

前 言

根据上海市住房和城乡建设管理委员会《关于印发〈2019 年上海市工程建设标准规范、建筑标准设计编制计划〉的通知》(沪建标定〔2018〕753 号)的要求,上海市绿化管理指导站和上海市城市规划设计研究院会同相关单位组成编制组,对《立体绿化技术规程》DG/TJ 08—75—2014 进行修订。标准编制组展开了深入调研,并认真总结了立体绿化实践经验和相关成果,在广泛征求意见的基础上,完成了本标准的修订。

本标准的主要内容有:总则、术语、基本规定、屋顶绿化、垂直绿化、沿口绿化和棚架绿化。

本标准修订的主要内容包括:对术语进行了补充和完善;对屋顶绿化进行了调整、补充和完善;对垂直绿化进行了调整、补充和完善;对沿口绿化进行了调整、补充和完善;对棚架绿化进行了调整、补充和完善;删除了基本规定中的验收章节;将屋顶绿化、垂直绿化、沿口绿化及棚架绿化中的一般规定融入相应章节中;删除了原附录 1。

各单位及相关人员在执行本标准过程中,如有意见和建议,请及时反馈至上海市绿化和市容管理局(地址:上海市胶州路 768 号科技信息处;邮编:200040;E-mail:kjxxc@lhsr.sh.gov.cn),上海市绿化管理指导站(地址:上海市建国西路 156 号;邮编:200020;E-mail:gardentech@163.com),上海市建筑建材业市场管理总站(地址:上海市小木桥路 683 号;邮编:200032;E-mail:shgcbz@163.com),以供再次修订时参考。

主 编 单 位:上海市绿化管理指导站

上海市城市规划设计研究院

参 编 单 位: 上海市建筑科学研究院有限公司
上海市道路运输管理局
上海申通地铁集团有限公司
上海市园林绿化行业协会
上海市建筑材料行业协会建筑绿化分会
上海市黄浦区绿化管理所
上海市静安区绿化管理中心
上海市闵行区绿化园林管理所

主要起草人: 李向茂　王延洋　庄　晴　严　巍　许晓波
朱春玲　祁　军　孙国强　江　铭　迟娇娇
许清风　臧　军　姚忠琴　肖　琴　张列学
张　辉　夏　星　林　华　纪文琦

主要审查人: 傅徽楠　黄彩娣　钱又宇　王　瑛　李　莉
倪梦象　张富文

上海市建筑建材业市场管理总站

目　次

Contents

1 总 则

1.0.1 为适应本市立体绿化发展需要,规范本市立体绿化建设和养护管理,促进立体绿化可持续发展,结合实际情况,制定本标准。

1.0.2 本标准适用于本市立体绿化的规划设计、施工和养护管理。

1.0.3 本市立体绿化的建设和养护管理除执行本标准外,尚应符合国家、行业和本市现行有关标准的规定。

2 术 语

2.0.1 立体绿化 green building planting

以建(构)筑物为载体,以植物为主体营建的各种绿化形式的总称,包括屋顶绿化、垂直绿化、沿口绿化和棚架绿化。

2.0.2 屋顶绿化 roof greening

以建(构)筑物顶部为载体,以植物为主体,不与地面土层相接且高出地面 1 500 mm 以上的一种立体绿化形式,可分为花园式、组合式和草坪式三种类型。

2.0.3 花园式屋顶绿化 gardening roof greening

选择乔灌草进行多层配置,营造绿化景观,具有游览和休闲功能的屋顶绿化类型。

2.0.4 组合式屋顶绿化 assembled roof greening

以单层低矮轻质植被为主,并在屋顶承重部位以组合容器局部复层或多层配置的屋顶绿化类型。

2.0.5 草坪式屋顶绿化 ground-cover roof greening

采用地被植物或攀缘植物进行单层配置的屋顶绿化类型。

2.0.6 防水层 waterproof layer

防止雨水和灌溉水渗漏的隔绝层。

2.0.7 耐根穿刺防水层 root resistant waterproof layer

具有阻根及防水性能的保护层。

2.0.8 隔离过滤层 filtration layer

能阻止种植土进入排(蓄)水层,具有透水及过滤性能的材料层。

2.0.9 垂直绿化 vertical greening

在具有一定垂直高度的立面上,以植物为主体营建的一种立体绿化形式，依工艺可分为攀爬式垂直绿化、贴植式垂直绿化和模块式垂直绿化等类型。

2.0.10 攀爬式垂直绿化 climbing greening

利用攀缘植物自身的攀爬能力在各种建(构)筑物立面形成覆盖的垂直绿化类型。

2.0.11 贴植式垂直绿化 espalier greening

利用柔韧性强、耐修剪的植物，辅以牵引固定措施，使植物枝叶附着在建(构)筑物立面的垂直绿化类型。

2.0.12 模块式垂直绿化 component greening

将植物、种植土、栽植容器和灌溉装置集合成可以拼装的单元，依靠固定支架灵活组装在立面上的垂直绿化类型。

2.0.13 沿口绿化 verge greening

以建(构)筑物边缘为载体，设置植物栽植容器，以植物为主体营建的一种立体绿化形式，一般分为顶置式、悬挂式和预置槽式等。

2.0.14 棚架绿化 trellis greening

以各类棚架为载体，利用攀缘植物进行覆盖的一种立体绿化形式。

3 基本规定

3.1 规 划

3.1.1 立体绿化规划应遵循生态优先、综合协调、系统布局和同步实施原则。

3.1.2 新建或改建高架等市政设施应建设沿口绿化，优先采用预置槽式沿口绿化。

3.1.3 新建或改建高速公路声屏障、高架桥柱、围墙、道路隔离栏等市政公共设施应同步建设垂直绿化。

3.1.4 新建或改建环卫设施、体育设施、变电房、防汛墙、公交站、候车厅等应因地制宜建设各种立体绿化。

3.2 设 计

3.2.1 应根据建(构)筑物特点及立地条件，采用不同的立体绿化形式。立体绿化建设风格应与依附载体及其周围环境相协调，不应影响原有建(构)筑物的安全性、功能性和耐久性。

3.2.2 立体绿化宜配套设计自动灌溉系统，并与原有排水系统相衔接。种植槽、种植箱等应设置蓄水层、排水口。宜采用雨水收集、太阳能利用等生态环保技术。

3.2.3 应以植物造景为主，根据不同的立体绿化形式及立地条件选择适宜植物。植物选择参见本标准附录 A 立体绿化植物种类推荐表。

3.2.4 立体绿化设计应对所依附的工程结构的承载能力、裂缝和变形能力进行验算。

3.2.5 设计应明确立体绿化中使用的材料如种植箱、网片、防水层等使用寿命或更新周期。

3.3 施 工

3.3.1 施工前应对场地进行全面调查，全面了解施工场地基本情况。

3.3.2 供水管道、排水管道铺设完成后，应对供水管道进行耐压性测试、对排水管道进行水密性测试。滴箭、滴管安装前，应通水冲洗供水管道；安装完毕应通水测试；所有管道应进行防裂、防冻保护，低温天气应排空喷淋系统管道水分。喷灌工程施工应符合现行国家标准《喷灌工程技术规范》GB/T 50085 的规定。

3.3.3 植物的种类、规格等应按照设计要求进行准备，并符合相关检验检疫标准。容器苗应提前备苗。植物应保证成活率，做到随挖、随运、随种和随灌，裸根苗不应长时间曝露。植物栽植应符合现行上海市工程建设规范《园林绿化植物栽植技术规程》DG/TJ 08—18 的规定。

3.3.4 落叶植物宜在春季萌芽前或秋季落叶后栽植，常绿植物宜在春季萌芽前或秋季新梢停止生长后栽植，栽植应避开冰冻期和高温期；非季节栽植应采用容器苗；种植后应在当日和次日各浇 1 次定根水，并根据种植土沉降情况填土至原有高度。

3.3.5 种植土应符合现行行业标准《绿化种植土壤》CJ/T 340 的规定，并满足不同类型立体绿化植物的栽植要求。

3.3.6 施工现场应符合现行上海市工程建设规范《文明施工标准》DG/TJ 08—2102 的规定。

3.4 养护管理

3.4.1 应及时进行立体绿化载体结构安全检查，所有结构件与建(构)筑物连接件应及时检查维护,超出有效期的结构件、连接件应及时更换。

3.4.2 养护单位应根据不同立体绿化形式制订详细养护方案,对特殊灾害性天气等制定专项预案。植物养护应符合现行上海市工程建设规范《园林绿化养护标准》DG/TJ 08—19 的规定。有害生物防治应符合现行上海市工程建设规范《绿化植物保护技术规程》DG/TJ 08—35 的规定。

3.4.3 应根据所依附载体功能使用要求对植物生长进行适当控制。

3.5 安 全

3.5.1 立体绿化建设不应影响交通及行人安全,施工时不应影响原有工程结构和基础设施的安全性、功能性和耐久性。

3.5.2 立体绿化施工和养护作业时,应设置警示标志和隔离设施。施工人员应配备安全帽、安全带等装备;严禁高空抛物。高处作业应符合现行行业标准《建筑施工高处作业安全技术规范》JGJ 80 的规定。

3.5.3 台风、暴雨前应对排(蓄)水设施进行检修,并做好植物、设施加固等防范措施。

3.5.4 立体绿化与周边设施设备距离不应小于 500 mm。

4 屋顶绿化

4.1 设 计

4.1.1 屋顶坡度宜≤10%。

4.1.2 屋顶绿化荷载设计应满足下列要求：

1 新建建筑建设屋顶绿化时，应在建筑设计时考虑屋顶绿化荷载要求。

2 既有建筑屋顶进行绿化前，应结合绿化方案对房屋进行安全性检测评估。绿化荷载应根据屋面结构原有荷载设计值进行设计，且应符合现行国家标准《建筑结构荷载规范》GB 50009 的规定。不能满足要求时，应对结构进行加固。

4.1.3 屋顶绿化设计应符合表 4.1.3 中的比例要求。

表 4.1.3 屋顶绿化设计比例要求

屋顶绿化类型	设计比例	数值
花园式屋顶绿化	绿化面积占屋顶绿化总面积的比例	≥70%
	乔灌草覆盖面积占绿化面积的比例	≥70%
	园路铺装面积占屋顶绿化总面积的比例	≤25%
	园林小品等构筑物占屋顶绿化总面积的比例	≤5%
组合式屋顶绿化	绿化面积占屋顶绿化总面积比例	≥80%
	灌木覆盖面积占绿化面积的比例	≥50%
	园路铺装面积占屋顶绿化总面积的比例	≤20%
草坪式屋顶绿化	绿化面积占屋顶绿化总面积比例	≥90%
	园路铺装面积占屋顶绿化总面积比例	≤10%

4.1.4 屋顶绿化构造层的设计自下而上应为防水层（含普通防

水层和耐根穿刺防水层)、排(蓄)水层、隔离过滤层、种植土层、植被层。

4.1.5 应选用普通防水层、耐根穿刺防水层组成2道以上防水层。当采用2道或2道以上防水层时,最上道防水层应采用耐根穿刺防水材料。防水层的材料应相容。不同的防水层宜采用合适的施工工艺复合,应符合现行国家标准《屋面工程技术规范》GB 50345和现行行业标准《种植屋面工程技术规程》JGJ 155的相关规定。

4.1.6 排(蓄)水系统设计应符合下列规定:

1 应与原屋顶排水系统匹配,不应改变原屋顶排水系统;应在排水口位置设置观察井;灌溉设计应优先选择自动喷灌、滴灌,并预留人工浇灌接口。

2 排(蓄)水层材料可选择模块式、组合式等不同类型排(蓄)水板,或直径大于4 mm的陶粒,厚度宜为100 mm～150 mm。屋面面积较大时,排(蓄)水层宜分区设置。每区不宜大于1 000 mm×1 200 mm,且应有排水孔。

4.1.7 隔离过滤层搭接缝的有效宽度不应小于150 mm,并向建筑墙面延伸至种植土表层上方50 mm处。

4.1.8 草本地被植物种植土层厚度应在100 mm以上,小灌木种植土层厚度应在300 mm以上,大灌木、小乔木种植土层厚度应在600 mm以上。种植土层在承重梁、柱部位上方,可适当增加厚度。

4.1.9 植被层设计应符合下列规定:

1 应选择耐寒、耐旱、耐热、抗风植物,不应选择深根、穿透能力强的植物,植物高度不应超过4 m。大灌木、小乔木不应种植在屋顶风口处。

2 乔木种植位置与女儿墙内侧距离应大于乔木高度的2/3且不小于2.5 m,离窗口距离应大于植物高度;乔灌木宜种植在承重梁、柱部位;乔木土球底部宜设固定装置。

3 宜优先考虑使用容器苗，容器苗的质量应符合现行上海市地方标准《主要观赏灌木容器苗质量分级》DB31/T 816 的相关规定。

4.1.10 园林小品应选择轻质、环保、安全、牢固的材料，宜设置在承重梁、柱位置正上方处，且高度不应超过 3 m。

4.1.11 应在可上人屋顶四周设置防护围栏，防护围栏高度应在 1.3 m 以上。

4.1.12 宜采用具有诱灭虫功能的灯具，以防治害虫。

4.1.13 屋顶绿化应设置独立出入口和安全通道，必要时应设置专门的疏散通道。

4.2 施　工

4.2.1 防水层应由专业防水公司进行施工操作。

4.2.2 普通防水层应符合下列规定：

1 如原屋面防水层仍有效，可按设计直接铺设耐根穿刺防水层。

2 普通防水层施工前，排水口、排水通道应提前做好，防水层铺设后不应在其上凿孔、打洞或重物冲击。

3 女儿墙泛水、地漏口周边和伸出屋面管道基部等部位应进行加强层施工，具体施工方法应符合现行国家标准《屋面工程技术规范》GB 50345 的规定。

4 不同防水材料采用不同的施工方法，应符合现行行业标准《种植屋面工程技术规程》JGJ 155 的规定。

4.2.3 防水层施工完成后应进行防水检测。坡度小于 3%的绿化屋面，应进行 48 h 蓄水检验，蓄水深度宜为 100 mm；坡度大于 3%的绿化屋面，应进行 3 h 持续淋水检验。

4.2.4 高度大于 2 m 的树木应进行支撑加固。

4.2.5 垂直运输应选择在风力小于 6 级的无雨天进行，绑扎吊装设施安装应牢固,散装材料应归整,作业区应封闭,严禁在作业区底下站人。

4.2.6 临时物品应均匀堆放在承重部位。

4.3 养护管理

4.3.1 屋顶绿化应定期进行房屋结构和防水检查。

4.3.2 植物养护管理应符合下列规定:

1 应适当控制树木高度、疏密度,台风期间应对 2 m 以上的树木采取加固支撑。

2 每年检查种植土沉降程度,当沉降达到原土层的 15%时,应及时填加;覆土厚度应低于挡土墙 50 mm。

3 可采取控水控肥措施或生长抑制技术控制植物生长,以降低建筑荷载和养护成本。

4.3.3 设施维护应符合下列规定:

1 应结合日常绿化养护定期检查园林小品、支撑及周边护栏等设施。

2 应定期检查屋顶排灌系统,及时清除落叶、垃圾等杂物。

3 台风季节应及时对排水、支撑等设施进行检查、加固。

4 设置自动喷淋设施灌溉植物时,宜根据苗木的生长高度和密度进行调整。

4.3.4 暴雨、大风、雷电等蓝色预警以上级别天气,严禁非养护人员进入屋顶绿化。

5 垂直绿化

5.1 设 计

5.1.1 垂直绿化应根据不同现场条件进行设计。

5.1.2 模块式垂直绿化应符合下列规定：

1 应增加构件等固定设施专项设计和新增墙体结构设计，并根据需要设置支撑系统；不同类型荷载设计不应超过墙面荷载，并符合防风抗震要求；有条件的，应将荷载直接传导到地面。应对所依附墙体进行防水设计。

2 支撑系统应按设计施工，焊接、螺栓锚固、连墙件、防腐防水防冻等应符合国家、行业及地方相关标准的规定。

3 灌溉排水系统应无渗漏、无堵塞。

4 控制系统应运行正常，并进行过程测试和完工测试。

5 种植模块应有一定倾斜角度。

5.1.3 植物设计应符合下列规定：

1 应优先选择抗性强、枝条柔软、耐修剪的种类。

2 攀爬式垂直绿化植物应选择2年生3分枝以上规格。

3 贴植式垂直绿化植物应选择高度1 500 mm以上规格。

4 模块式垂直绿化植物应以多年生草本植物和小灌木为主，不宜种植大灌木。

5 攀爬式垂直绿化或贴植式垂直绿化宜选择容器苗。模块式垂直绿化应采用容器苗。

5.1.4 种植设计应符合下列规定：

1 攀爬式垂直绿化或贴植式垂直绿化应利用周边绿地进行种植；攀爬式垂直绿化应根据需求设置限高装置。

2　攀爬式垂直绿化或贴植式垂直绿化无法落地种植的，可采用种植槽种植，种植土深度以 350 mm～550 mm 为宜，宽度 200 mm～300 mm，长度视现场可实施范围确定。不宜采用种植箱种植。

3　植物与所依附载体距离应小于 200 mm。

4　双排种植宜采用“品”字形，栽植间距根据植物品种、规格不同而异，宜为 300 mm～400 mm。

5　模块式垂直绿化植物种植应设置合理的种植密度，种植完成后绿化覆盖面积应达到 80%以上。

5.1.5　附属材料应符合下列规定：

1　种植槽应与所依附载体相接，颜色与周边环境相协调，基部应设置有效储水层和排水孔，排水孔孔径 20 mm～30 mm，距地平面 50 mm～100 mm，排水孔内侧应设置过滤网。

2　贴植式垂直绿化可采用网片式或拉线式固定。

3　模块式垂直绿化容器设计使用寿命不应低于 5 年。

4　灯光等装饰品面积应控制在绿化总面积 5%以内。

5.2　施　工

5.2.1　施工前应与交通等相关部门协调，做好运输、登高、封道等施工作业相关的车辆、机械及设备等准备工作。

5.2.2　施工作业应选择在风力小于 6 级的无雨天进行。

5.2.3　模块式垂直绿化灌溉排水系统应无渗漏、无堵塞；控制系统运行正常，并应进行过程测试和完工测试。

5.2.4　贴植式垂直绿化和攀爬式垂直绿化宜采用挂网或拉线固定。吸附类攀缘植物生长初期应作适当牵引，其他类攀缘植物应及时牵引、绑扎。

5.2.5　灯光等装饰物应同步施工。

5.3 养护管理

5.3.1 网片、拉线、墙体支撑、给排水系统及灯光、装饰品等设施应及时检修。

5.3.2 攀爬式或贴植式植物应做好牵引、固定及松绑等。

5.3.3 应及时修剪枯叶枯枝，并对向外生长枝条进行短截。

5.3.4 模块式垂直绿化植物应及时更新长势差的植株，适时修剪、追肥，植物生长厚度应控制在 500 mm 以内。

5.3.5 吸附类攀缘植物修剪时，应防止植物吸盘、气生根等附生器官对原有立面的损伤，不可强行拉扯。

5.3.6 植物修剪应留出标识牌、沉降观测点等标志及空调、窗口等，并适当控制植物攀爬高度。

6 沿口绿化

6.1 设 计

6.1.1 应根据沿口种植荷载及周边环境进行沿口绿化设计。

6.1.2 种植箱位置和规格应符合下列规定：

1 箱体间距应根据实际情况设计，宜为 200 mm～800 mm。沿口预留种植槽的，其宽度和深度按种植槽的实际规格确定。

2 种植箱附于栏杆设置的，植物栽植后的高度应不超过栏杆顶部上方 500 mm；种植箱与覆盖设施应有固定件。

3 悬挂式种植箱和植物倾斜应小于 5°。

6.1.3 种植箱宜选用耐腐蚀、耐氧化材质，使用寿命不宜小于 10 年。

6.1.4 植物选择应符合下列规定：

1 宜选择耐寒、耐旱、耐热、抗风的品种；光照条件不足的，宜采用半耐荫、抗逆性强的品种。

2 种植密度应根据植物种类、规格确定。

3 植物高度应根据种植箱位置设计，顶置式宜为 300 mm～500 mm，预置槽式宜为 400 mm～600 mm，悬挂式宜为 500 mm～700 mm。

6.2 施 工

6.2.1 沿口绿化施工分为植物种植和种植箱安装。

6.2.2 植物种植应符合下列规定：

1 种植箱应清洗消毒；应设置 30 mm～50 mm 蓄水层，蓄水层上铺设透水过滤层，透水过滤层应向四周延伸高出种植土20 mm。

2 种植土应消毒并施基肥，土面应低于种植箱沿口 30 mm～50 mm。

3 植物选择应符合设计要求，规格应基本一致。

4 种植后应对植物进行修剪、施肥、病虫害防治等，经过一个生长季节并达到一定观赏价值后方可安装。

6.2.3 种植箱整体安装应符合下列规定：

1 宜选择风力小于 6 级的无雨天进行作业，作业区应封闭。

2 种植箱安装前应保持清洁。

3 固定箱体支架连接点及其附属物支架应牢固耐久；箱体应排列整齐，植物高度基本一致。

4 种植箱安装完成后应全面复核检查固定情况。

6.3 养护管理

6.3.1 植物养护管理应符合下列规定：

1 应及时适度供水，避免高空滴水；适时施肥。

2 应根据植物习性进行修剪，剪除枯枝、残花。

3 植物死亡或缺损的种植箱应及时整体更换，更换的植物品种规格应与原有植物相一致。

4 应及时修剪接近建构筑物伸缩缝、重要结构件缝隙的茎和叶。应及时修除影响车辆、行人通行的枝条。

6.3.2 设施维护应符合下列规定：

1 应定期检查、维护，更换或补装老化及缺失的管道、紧固件、种植箱等。

2 应保持种植箱立面清洁。

3 灾害性天气应做好预防措施。

7 棚架绿化

7.1 设 计

7.1.1 棚架设计应符合下列规定：

1 棚架结构可根据功能要求、环境特点、景观效果及植物荷载选用不同的架材和形式。棚架节点应采取固定措施。

2 棚架顶棚与水平面夹角不应大于 30°，封顶棚架应有一定的坡度。

3 棚架柱高与两柱间距之比宜为 5∶4；高度宜控制在 2 500 mm～2 800 mm，最高不宜超过 3 000 mm；开间宜为 3 000 mm～4 000 mm；棚架进深跨度宜分为 2 700 mm、3 000 mm、3 300 mm 三个等级；棚架檩条间距宜为 300 mm～400 mm。

4 金属或玻璃棚架顶部应架空 100 mm 设置网片。

7.1.2 绿化设计应符合下列规定：

1 应充分利用原有立地条件进行棚架绿化设计；如采用种植箱，其容积应考虑植物生长需要。

2 种植箱占用通道的，应保持安全距离。

3 一个棚架宜栽植一种攀缘植物；植物栽植密度应根据植物品种、规格确定。

7.2 施 工

7.2.1 不同棚架结构应符合下列规定：

1 木质结构棚架材质应符合设计要求，并采取防腐、防裂、防火、防虫处理；金属结构棚架的材质、型号、规格等应符合设计要求，并采取防锈处理。

2 钢筋混凝土结构棚架基础开槽、混凝土配合比、架体的配筋、绑扎及预留钢筋焊点的连接均应符合设计要求。

7.2.2 植物栽植应符合下列规定：

1 应选用2年生以上健壮植物；独藤攀缘植物，宜选独藤长1 500 mm以上的且有明显主干的植物，长度应不小于棚架高度的2/3。

2 种植穴大小应符合设计要求，以大于土球直径100 mm～200 mm为宜。种植地有效土层下方有不透气废基的，应打碎或钻穿与自然土层接壤。

3 应剪掉多余丛生枝条，留1根～3根最长的茎干。种植点位于两柱中间的，应对植物进行牵引固定，绑扎距离宜为800 mm～1 000 mm。

7.3 养护管理

7.3.1 植物养护管理应符合下列规定：

1 枝条牵引及时，在棚架上分布应均匀，成型后枝叶覆盖面积不低于90%。

2 及时清除主干萌蘖枝，控制植物生长所产生的活荷载，棚架顶部下垂枝条不应影响交通安全。

3 金属或玻璃棚架应避免植物枝条在高温季节被烫伤。

7.3.2 设施维护应符合下列规定：

1 棚架应定期检查，及时固定松动结构，替换已破损构件。

2 油漆脱落或生锈应及时处理，涂刷保养宜2年～3年一次。

3 应及时清理棚架上的枯枝、落叶、残花及杂物等。

附录 A　立体绿化植物种类推荐表

<table>
<tr><th colspan="2">类型</th><th>推荐植物</th></tr>
<tr><td colspan="2">屋顶绿化</td><td>紫薇、桂花、花石榴、桃树、垂丝海棠、北美海棠、穗花牡荆、美人梅、花叶香桃木、罗汉松、盘槐、苏铁、枇杷、杨梅、红叶李、柑橘、密实卫矛、枣树、含笑、珊瑚、石楠、矮生紫薇、胡颓子、木槿、山茶、紫荆、茶梅、小叶栀子、黄杨、杜鹃花、龟甲冬青、红花檵木、火棘类、金森女贞、锦带、蜡梅、铺地柏、南天竹、蚊母、构骨、小叶女贞、大花六道木、金丝桃、棣棠、黄馨、绣线菊、紫叶小檗、景天类(佛甲草等)、垂盆草、黄金菊</td></tr>
<tr><td rowspan="2">垂直绿化</td><td>攀爬式
贴植式</td><td>爬山虎、五叶地锦、西番莲、紫藤、常春藤、扶芳藤、络石、薜荔、南蛇藤、金银花类、火棘、木槿、藤本月季</td></tr>
<tr><td>模块式</td><td>室外:大花六道木、金叶苔草、千叶兰、瓜子黄杨、金森女贞、络石、扶芳藤、红叶石楠、亮叶忍冬、红花檵木
室内:常春藤、白掌、吊兰、鹅掌柴、绿萝</td></tr>
<tr><td colspan="2">沿口绿化</td><td>月季(仙境、红帽子、杏花村、小桃红)、南天竹、亮金女贞、大花六道木、云南黄馨、金森女贞、花叶蔓长春、常春藤</td></tr>
<tr><td colspan="2">棚架绿化</td><td>紫藤、蔷薇、木香、藤本月季、金银花、五叶地锦、葡萄、爬山虎、常春藤、凌霄、络石</td></tr>
</table>

本标准用词说明

1 为便于在执行本标准条文时区别对待，对要求严格程度不同的用词说明如下：

1）表示很严格，非这样做不可的用词：

正面词采用“必须”；

反面词采用“严禁”。

2）表示严格，在正常情况下均应这样做的用词：

正面词采用“应”；

反面词采用“不应”或“不得”。

3）对表示允许稍有选择，在条件许可时首先应这样做的用词：

正面词采用“宜”；

反面词采用“不宜”。

2 条文中指明应按其他有关标准执行的写法为“应按……执行”或“应符合……规定”。

引用标准名录

1 《建筑结构荷载规范》GB 50009
2 《喷灌工程技术规范》GB/T 50085
3 《屋面工程技术规范》GB 50345
4 《建筑施工高处作业安全技术规范》JGJ 80
5 《种植屋面工程技术规程》JGJ 155
6 《绿化种植土壤》CJ/T 340
7 《主要观赏灌木容器苗质量分级》DB31/T 816
8 《园林绿化植物栽植技术规程》DG/TJ 08—18
9 《园林绿化养护标准》DG/TJ 08—19
10 《绿化植物保护技术规程》DG/TJ 08—35
11 《文明施工标准》DG/TJ 08—2102

标准上一版编制单位及人员信息

DG/TJ 08—75—2014

主 编 单 位:上海市绿化和市容管理局
上海市规划和国土资源管理局
参 编 单 位:上海市绿化管理指导站
上海市园林绿化行业协会立体绿化专业委员
原卢湾区绿化管理署
普陀区社区绿化管理所
静安区绿化管理局
闵行区绿化和市容管理局
上海市建筑材料行业协会建筑绿化分会
主要起草人:李　莉　傅徽楠　严　巍　陈志华　凌传荣
李向茂　王延洋　江　铭　臧　军　张列学
李　宇　王　瑛　孙国强　陈　辉　徐广益
茅勤英
参与修编人员:陈立民　许晓波　潘建萍　张　睿　张国兵
肖　琴　杨思佳　朱丽芳　郑　萍　徐　磊
陆晓蔚　王斐斐　张　璟　叶子易　季静波
毕华松
主要审查人:张　浪　赵定国　赵锡惟　倪梦像　范善华
蒋坚锋　钱又宇　张文娟

上海市工程建设规范

立体绿化技术标准

DG/TJ 08—75—2022
J 12714—2022

条 文 说 明

2023 上海

目　次

Contents

1 总 则

1.0.1 为保证立体绿化建设质量，提升立体绿化建设水平，对过去多年来立体绿化取得的技术成果进行总结，引导立体绿化规范建设和养护，特制定相关技术标准。

2 术 语

2.0.13 沿口绿化在本市立体绿化中分布较广，应用形式主要指建筑沿口绿化、高架（天桥）沿口绿化、窗阳台绿化等。长期放置于道路分隔栏（中央分隔带栏杆、机非分隔带栏杆和人行分隔栏杆等）的容器绿化视作沿口绿化。

3　基本要求

3.1　规　划

3.1.1　综合协调原则主要指立体绿化应协调好与空调、水箱、太阳能及避雷装置等屋顶附属设施设备的关系。同步实施原则是指立体绿化应与新建建筑同步规划设计、同步建设、同步竣工验收。

3.1.2～3.1.4　新修订的《上海市绿化条例》第十七条规定：新建机关、事业单位以及文化、体育等公共服务设施建筑适宜屋顶绿化的，应当实施屋顶绿化。此三条细化了具体的公共建筑。

3.2　设　计

3.2.1　选择立体绿化形式要考虑建筑荷载、高度、坡度和人流量等情况。立体绿化与其依附建(构)筑物应风格协调，且不影响原有建(构)筑物的基本性能。

3.2.2　立体绿化因空间位置的特殊性，一般浇水困难，通过使用灌溉措施，既方便浇水，又节约用水。新建建筑灌溉系统应同步设计，已有建筑灌溉系统应与原排水系统相衔接。

3.2.3　附录 A 中的植物种类为常用植物种类，在具体项目实施工程中，也可尝试应用新品种。

3.2.4　载体荷载须具资质单位来测算，施工完成后的立体绿化不应超过所依附载体的承载能力。业主方应配合设计单位提供设计图纸等原始资料。

3.2.5　立体绿化中应用的材料除了植物，还有防水材料、种植箱、网片、固定螺丝等。设计时,应给出这些材料的使用寿命或更新周期,以方便在今后养护中按照要求开展维护。

3.3 施 工

3.3.1 施工过程中应注意不能损坏原有设施设备,特别是屋顶绿化施工时,应注意不可破坏已做好的防水层,以免造成漏水。植物栽植前准备工作可按照现行上海市工程建设规范《园林绿化植物栽植技术规程》DG/TJ 08—18 的相关要求执行。

3.3.2 排灌设施在植物种植前施工,为保证其安全性、密闭性,使其正常运行,有必要进行相关测试。

3.3.3 苗木质量会影响景观效果,质量差的苗木会加大养护难度。所选苗木在满足原有设计要求的基础上,应健壮。同时,为避免有害生物入侵,须对相关苗木进行严格检疫。

3.3.4 本条所规定的栽植时间为正常施工栽植适宜时间。如反季节栽植,应采取相应的技术措施,并要使用容器苗,以保证植物成活率。

3.3.5 土壤为植物生长的基础。屋顶绿化土层厚度有限,种植土质量显得尤其重要。在进行植物栽植前,有必要对其生长土壤进行改良,以保证植物健康可持续生长,改良标准应符合现行行业标准《绿化种植土壤》CJ/T 340 的规定。

3.4 养护管理

3.4.1 立体绿化结构件和连接件是保证立体绿化安全稳定的重要构件,应聘请专业机构进行检查,以排除安全隐患。

3.4.2 本条主要针对植物养护作出规定。除设施检查、安全等特殊情况外,立体绿化植物养护可参考地面绿化植物养护执行。

3.4.3 立体绿化是依附一定载体建设的。考虑荷载要求,需要对植物进行适当控制。部分载体对安全性要求较高，如轻轨桥柱的垂直绿化，会因为长势过旺会攀爬到轻轨轨道或者电缆上，对轻轨行车安全造成影响。这种情况需进行定期检查，发现有此问题，应及时修剪。

3.5 安 全

3.5.1，3.5.2 立体绿化必须保证原有建筑的安全性。同时注意作业安全，并按照相关安全操作要求进行施工。

3.5.3 立体绿化因建设在屋顶、墙面或沿口上，其荷载有一定限度，排水路径也有限。因此，暴雨期间必须加强排水检查，保证排水畅通。台风期间应做好植物和设施加固。

3.5.4 立体绿化建设与公用附属设施应留有一定的距离，以保证相关设施的维护及安全。

4 屋顶绿化

4.1 设 计

4.1.1 屋顶坡度目前大多采用百分数来表示。目前，屋顶绿化施工一般坡度为10%，大于10%的屋顶，其施工难度与一般的平屋顶施工工艺差距比较大，需要另行进行技术标准制定。原规程中可实施屋顶绿化的屋顶高度宜低于24 m，本次修订删除，是因为在新修订的《上海市绿化条例》中已作出规定“应当对高度不超过50米的平屋顶实施绿化”。

4.1.2 在具体屋顶绿化建设中，可在满足荷载要求的前提下根据实际情况进行相关设计。屋面材料所受荷载超过其承受强度时，应对建筑进行加固并满足荷载要求后方可实施。同时，设计时应考虑将更多的重量放置在承重梁或承重墙部位。

4.1.3 本条对不同屋顶绿化类型中屋顶应绿化面积和非绿化面积提出了量化指标，以符合屋顶绿化生态优先的原则，平衡绿化种植与屋顶使用功能之间的关系。其中，屋顶绿化总面积是该建筑可实施屋顶绿化的面积，空调外机、水箱、太阳能及避雷设施等不可实施屋顶绿化的面积应扣除。

4.1.4 屋顶绿化的设计应根据不同建筑风格、功能需求、位置、朝向和面积等情况进行不同类型屋顶绿化设计，不同类型屋顶绿化基本结构应一致，以保证屋顶绿化的安全性、功能性。

4.1.5 植物根系具有很强的穿透力，普通防水层易被植物根系破坏。因此，屋顶绿化要求设置耐根穿刺防水层。原有屋顶防水系统仍然可用的，可以只增设一层耐根穿刺防水层。

4.1.6 目前，屋顶绿化上使用的排(蓄)水板一般同时具有排水和蓄水功能。为保障有效排水，可分区设置排(蓄)水层。

4.1.7 隔离过滤层主要是防止水土流失，搭接宽度为施工中常用宽度。同时为防止土壤从侧面流失，隔离过滤层应延伸至种植土上方。

4.1.8 同一屋顶绿化中，不同位置可根据植物类型进行种植土设计。本条中的种植土厚度为维持植物生长的最低限度。实际设计时，可根据屋顶荷载适当增加厚度。种植土不可全用人工轻质土或全用原土。轻质土太轻，不易植物固着；原土太重，不利于屋顶安全。一般，应选用原土与人工轻质土的混合物作为种植土。为提升景观效果，也可通过轻质填充材料构造微地形。

4.1.9 屋顶环境较特殊，风大、日照强，一般应选择耐旱、抗风的植物。为了防止风大树木倾覆危险，植物不宜过高，高度控制在4 m以下，同时距女儿墙超过2.5 m，基本保证即使倾覆也不会掉到建筑物下伤及路人。

4.1.11 一般人的重心均在1.3 m以下，防护栏高度要求在1.3 m以上，主要考虑人员安全。

4.2 施　工

4.2.2 如原有屋面的防水层仍完好，可直接铺设耐根穿刺防水层。女儿墙、排水口等细部容易漏水，这些部位防水尤其重要，应进行防水强化施工。

4.2.3 防水层完成后，为确保防水质量，要根据不同坡度屋顶采用不同的防水检测措施。

4.2.4 因屋顶地处高处，为防止发生意外，一般认为，高度大于2 m的树木应进行支撑。

4.3 养护管理

4.3.1 竣工后的屋顶绿化应定期对房屋结构和渗漏水情况进行检查，发现问题应及时处理；新建的屋顶绿化检查周期可以长一些，已建设多年的屋顶绿化定期检查周期应缩短。

4.3.2 屋顶绿化应定期对土壤进行改良。由于屋顶绿化的特殊情况，土壤厚度有限，并且可能流失，需要定期对土壤补土。植物养护可采取修剪及控水控肥措施控制高度，降低植物荷载。

4.3.3 设施维护主要是保证安全及绿化景观效果的实现。对不同的设施要及时检修、更换。养护单位要落实养护经费，并落实专门养护人员，做好日常养护。屋顶绿化养护除了与地面植物养护相似外，还应做好安全措施，尤其台风、暴雨和大雪期间，应做好树木支撑、排水等工作。

5 垂直绿化

5.1 设 计

5.1.1 模块式垂直绿化因荷载较大，涉及载体结构安全，设计前应对其载体进行安全检测。

5.1.2 模块式垂直绿化是较为复杂的种植系统，其墙体所承受的荷载不仅来自于设施本身，同时也包括风荷载及种植植物后所带来的荷载。因此，设计墙体绿化支撑系统时，除应考虑当地气候条件，还应考虑朝向、建造高度、室(内)外等实际因素。设计的绿化用支撑系统必须通过专业结构工程师的分析计算，以达到承重要求。

5.1.3 本条明确了垂直绿化种植设计内容。在对现场踏勘评估后，确定垂直绿化类型、植物配置形式及灌溉等形式，为日后养护奠定基础。

5.1.4 种植设计

1 利用周边绿地种植可保证植物有充足的生长空间，降低后期养护成本。

2 因藤本植物根系多分布于 30 cm～40 cm 土层，故种植槽高度不应低于 30 cm。

3 植物贴近载体进行种植有利于牵引，便于攀爬。

4 “品”字形种植法有利于植物充分利用生长空间，有利于生长及今后的抽稀调整。

5.1.5 附属材料

1 排水孔高于地面，主要可起到排水、蓄水双重作用。

3 栽植容器材质应具有一定的抗老化能力，在植物覆盖及水湿条件下，其使用寿命不应低于5年。

4 本款主要是限制垂直绿化上灯光等装饰物应用面积不应过多。

5.2 施 工

5.2.1 垂直绿化的载体包括各类墙体、道路隔离栏、高架桥柱等，尤其是高架桥柱，它位于道路旁。因此，在进行绿化时，应提前与交管部门协调，作好前期施工及后期养护等协调。

5.2.4 植物牵引可以使植物更均匀地覆盖墙面，提升景观效果，也有利于植物后续生长。

6 沿口绿化

6.1 设 计

6.1.1 沿口绿化因处在建筑物边缘，其荷载设计尤其重要。应结合建(构)筑物本体条件进行设计。种植箱静荷载应包括苗木、种植土、种植槽、种植槽固定件、折算到单个种植箱的滴灌供水装置和排水设施的总重量。在设计时，应考虑的动荷载包括风载、雪载、人群荷载、车辆荷载及其产生的震动荷载等，并留有安全余量。

6.1.2 种植箱位置和规格应符合下列规定：

2 植物栽植高度不应影响构件稳固性，还应考虑行人安全。

6.1.4 本条对植物选择提出了方向性建议。

2 不同植物的种植密度有所差异，如三角梅植株较大，往往2株～3株即可达到成品花箱的景观效果，而月季等则需要至少3株～5株才能达景观效果。因此，视植物种类、规格确定种植密度较为科学合理，一般情况下为3株～5株/箱。

3 为了满足高架沿口绿化的安全性和景观性，根据目前上海现有的顶置式沿口绿化、预置槽式沿口绿化、悬挂式沿口绿化特点，植物高度确定为该条所设定高度。

6.2 施 工

6.2.3 种植箱整体安装应符合下列规定：

4 构件安装应严格按照相关要求进行，安装完成后需进行复核、检测，并做好记录。

6.3 养护管理

6.3.1 植物养护管理应符合下列规定：

4 沿口绿化受条件所限，植物生长环境较恶劣，需适时对植物浇水、施肥，并及时清除枯枝、落叶，以避免影响车辆、行人。沿口绿化位置特殊，植物生长会进入建构筑物伸缩缝、重要结构件缝隙，有可能对建构筑物安全产生不利影响，故应对植物及时进行修剪。

7　棚架绿化

7.1　设　计

7.1.1　棚架设计应符合下列规定：

2～3　棚架的高度与跨度不宜过高与过大，应保持适当比例，以利于功能性、景观性、生态性。

4　高温季节金属或玻璃棚架易烫伤植物。

7.1.2　绿化设计应符合下列规定：

1　攀缘植物的选择应考虑棚架承载力，根据不同的棚架类型选择不同的植物品种，确保安全性，如紫藤等大型木本攀缘植物，要充分考虑多年后棚架的支撑能力及耐久性。刚种植时，应对植物进行牵引，随着不断生长，后期也要进行适当的支撑和固定，可以让植物有目的性地生长，提高棚架的覆盖率。

3　攀缘植物种植搭配宜根据棚架的功能、朝向、结构、造型和色彩等因素配置1种攀缘植物，也可配置2种～3种攀缘植物，应根据不同攀缘植物的观赏价值和生长习性进行配置，做到草本与木本、常绿与落叶、慢生与速生的有机结合。

7.2　施　工

7.2.1　棚架施工必须符合设计要求和施工规范，应根据设计图纸及棚架的形状、尺寸、材料编制施工方案。

7.3 养护管理

7.3.2 棚架应定期检查维护，确保使用安全和景观效果。

附录 A　立体绿化植物种类推荐表

本表列举了近年来本市应用效果较好的植物种类。攀爬式和贴植式侧重于选择植物荷载较轻的植物种类，而棚架绿化则侧重于选择植物荷载较重的植物种类。